GUCKST
DU
UNTEN

GUCKST DU UNTEN

Ernestine Donnerberg
und Holger Haag

KOSMOS

INHALT

DIE MACHER:INNEN

HOLGER

Mein Herz schlägt für die Natur. Daher findest du mich meistens draußen. Die Texte stammen aus meiner Feder.

ERNI

Ich bin Illustratorin und habe die Tiere für dich gezeichnet. Mit viel Farbe und Mut zur Abstraktion.

LENA

Die Typografie lag in meiner Hand. So habe ich den Illustrationen und Texten das richtige Bett bereitet.

Zusammen sind wir Studio Duwo – @studioduwo

EINFACH LOSLEGEN!

Schon weil sie oft winzig sind, machen es uns Insekten, Spinnen, Tausendfüßer, Asseln & Co. nicht gerade leicht. Auf den ersten Blick sehen viele erstaunlich ähnlich aus. Genau deshalb tickt dieses Buch anders als die klassischen Bestimmungsbücher über Krabbler aller Art. Statt dich mit Details zu fluten, geht es hier ums Wesentliche. Die Zeichnungen sind bewusst vereinfacht, damit du den Überblick behältst.

Guckst du nach den drei auffälligsten Merkmalen, weißt du, wen du vor dir hast. Obendrauf gibt's noch einen typischen Hinweis: ein Verhalten, ein Laut oder eine besondere Lebensweise, an der du das Tierchen sofort wiedererkennst.

INSEKTEN & CO.

Nicht alles, was krabbelt, ist automatisch ein Insekt. Daher lohnt ein kurzer Gruppencheck. Viele Krabbler gehören zu den Gliederfüßern, der erfolgreichsten Tiergruppe überhaupt. Rund 80% aller bekannten Tierarten zählen dazu. Typisch sind das harte Außenskelett und der in Segmente gegliederte Körper. Guckst du genauer hin, lassen sich schnell einige Hauptgruppen unterscheiden.

Insekten erkennst du an sechs Beinen und drei Körperteilen:

KOPF
BRUST
HINTERLEIB

SPINNENTIERE kommen mit acht Beinen daher und haben nur zwei Abschnitte: Vorder- und Hinterleib. Dazu zählen auch Milben, Skorpione und Weberknechte.

TAUSENDFÜSSER machen uns das Zählen mühsam: Kopf plus Hinterleib aus vielen Segmenten mit ein oder zwei Beinpaaren pro Segment.

ASSELN sind Krebstiere aus Kopf-Brust-Abschnitt, Brustabschnitt mit sieben Beinpaaren und Hinterleib mit Kiemen.

SCHNECKEN und **REGENWÜRMER** sind keine Gliederfüßer. Sie gehören nicht in eine Gruppe, haben aber beide einen skelettlosen Körper und die kriechende Fortbewegung.

GUCKST DU UNTEN!

Guckst du nach diesen drei Merkmalen, weißt du, welches Tier es ist!

GUCKST DU

1. roter Körper mit schwarzem Dreieck und Punkten
2. Körper oval mit dunklen Beinen
3. selten allein unterwegs

FEUERWANZE

Facts zum Einprägen

Feuer? Fehlanzeige. Die Wanze heißt so wegen ihrer roten Warnfarbe. Sie signalisiert Fressfeinden: »Nicht essen!« Du findest dieses Insekt meist am Boden, gern am Fuß von Bäumen und fast nie allein.

Unterschiedliche Färbungen auf der Oberseite? Das sind keine neuen Arten, nur unterschiedliche Altersstufen.

22

Sobald es im Frühling warm genug ist, tauchen die ersten Insekten auf. Sie kommen aus ihren Winterverstecken oder schlüpfen aus ihren Kokons. Deshalb ist dieses Buch danach sortiert, wo du die Tiere am ehesten entdeckst.

23

WAY OF LIFE

Jede Tierart hat ihre eigene Lebensweise. Deshalb ist das Buch in vier Kapitel sortiert, die sich an ihrem »Way of Life« orientieren. Denn, wenn du den kennst, kannst du den Tieren am ehesten begegnen. Da gibt's die Luftakrobaten, die dir fast überall über den Weg flattern, weil sie fliegen können; die Bodengänger, für die du dich bücken oder einen Stein umdrehen musst, und die Pflanzenbewohner, die ihre grüne Bühne nur ungern verlassen. Und Wasseraktivisten haben sogar das Wasser erobert und leben dort ganz oder zumindest als Larve. Weil viele dieser Tiere sehr klein sind, lohnt sich ein Blick durch die Lupe. So erkennst du nicht nur ihre Merkmale besser, sondern entdeckst auch die oft übersehene Schönheit der vermeintlich unscheinbaren Krabbeltiere.

BODENGÄNGER

Diese Tierchen halten sich lieber am Boden auf oder sogar darin. Manche könnten zwar fliegen, lassen das aber fast immer bleiben, und auch an Pflanzen sieht man sie eher selten. Sie mögen festen Untergrund und gehen dort auf Futter- oder Partnersuche. Ein Blick unter Laub, Steine, Holz oder Rinde lohnt sich: Hier verstecken sie sich vor Feinden und auch vor der Sonne, damit sie nicht austrocknen. Und selbst unter der Erde ist einiges los, zum Teil graben die Kleinen ihre Gänge tief in die Erde hinein.

GUCKST DU

1. sehr klein mit silbriger Oberseite
2. langes Fühlerpaar
3. drei Schwanz-anhänge

SILBER-FISCHCHEN

Nachts im Bad oder in der Küche siehst du sie. Also an Orten, an denen es feucht ist und Nahrung lockt, wie Hausstaubmilben, Hautschuppen, Papier oder Zucker.

Blitzschnell flitzen die silbrigen Sechsbeiner auf der Suche nach Deckung umher. So haben sich diese Urzeit-Insekten schon circa 300 bis 400 Millionen Jahre erfolgreich durchgeschlagen.

rrr
rrr
rrr
rrr
rrr

GUCKST DU

1 Grille mit schaufelartigen Vorderbeinen

2 großes Halsschild

3 zwei lange Hinterleibsanhänge

MAULWURFS-GRILLE

Die große Grille trägt ihren Namen zu Recht. Samtig behaart wie ein Maulwurf, gräbt sie sich mit schaufelartigen Vorderbeinen durch die Erde. Unterirdisch frisst sie nicht nur andere Tiere, sondern knabbert auch an Wurzeln. Bei Gärtnern ist sie deshalb unbeliebt. Sie macht langanhaltende, schwirrende »rrrrrrrr«-Laute.

GUCKST DU

1 roter Körper mit schwarzem Dreieck und Punkten

2 Körper oval mit dunklen Beinen

3 selten allein unterwegs

FEUERWANZE

Feuer? Fehlanzeige. Die Wanze heißt so wegen ihrer roten Warnfarbe. Sie signalisiert Fressfeinden: »Nicht essen!« Du findest dieses Insekt meist am Boden, gern am Fuß von Bäumen und fast nie allein. Unterschiedliche Färbungen auf der Oberseite? Das sind keine neuen Arten, nur unterschiedliche Altersstufen.

GUCKST DU

1. blaugrün glänzende Flügeldecken
2. restlicher Körper rötlich
3. schwarze Augen

KLEINER BOMBARDIER-KÄFER

Der kleine Käfer ist ein Chemiker. Bei Gefahr spritzt er zwei verschiedene Stoffe in seine Explosionskammer im Hinterleib: Hydrochinon und Wasserstoffperoxid. Bäm – Explosion! Sie reagieren sehr heftig mit zwei Enzymen. Die 100°C heiße, ätzende Flüssigkeit schießt seinem Feind entgegen. Fast immer erfolgreich.

GUCKST DU

1 sehr großer Käfer

2 geweihartige Oberkiefer

3 schwarzbraune Oberseite

HIRSCHKÄFER

Der König unter den Käfern, besonders die Männchen mit ihren geweihartigen Oberkiefern. Die Weibchen haben zwar kleinere, sind aber kräftig genug, um ordentlich zu zwicken. Triffst du einen Hirschkäfer, ist er schon drei bis acht Jahre alt. Den größten Teil seines Lebens verbringt er nämlich verborgen als Larve im alten Totholz.

GUCKST DU

1. Ameise mit schwarzem Hinterleib
2. schmaler roter Brustteil
3. Insekt mit kräftigen Mundwerkzeugen

ROTE WALDAMEISE

Die Roten Waldameisen sind die Ingenieure des Waldes. Sie bauen Hügel, teils bis zu zwei Meter hoch, und legen »Straßen« an, auf denen sie flink unterwegs sind. Sie schützen viele Pflanzen vor schädlichen Insekten und beeinflussen so das Pflanzenwachstum. Kein Wunder, dass Förster sie schätzen und sie unter Schutz stehen.

GUCKST DU

1. »Hundertfüßer« mit 15 Beinpaaren
2. kräftige Kiefer
3. dunkelrotbrauner Körper

STEINLÄUFER

Meist entdeckst du ihn bei der Gartenarbeit: unter Steinen, im Totholz oder in der Bodenstreu. Dort wuselt er wie ein Mini-Drache über den Boden, immer auf der Jagd nach anderen Kerbtieren. Mit kräftigen Kiefern packt er seine Beute und betäubt sie mit einem Gift. Aber Vorsicht! Diese Kiefer dringen auch durch Menschenhaut und der Biss ist recht schmerzhaft.

GUCKST DU

1. schwarz-weiß gestreifter Hinterleib
2. zwei weiße Punkte auf dem Vorderleib
3. zwei große Frontaugen

MAUER-ZEBRASPINNE

Die beiden großen Frontaugen sind nur der Anfang. Seitlich sitzen noch zwei weitere Augenpaare für eine perfekte Rundumsicht. So pirscht sie sich an ihre Beute heran. Noch ein paar Zentimeter. Dann der Sprung auf ihr Opfer. Damit sie nicht aus Versehen in einen Abgrund springt, hat sie vorher einen Sicherheitsfaden am Boden befestigt.

GUCKST DU

1 eiförmiger Körper

2 sehr lange Beine mit hellen Gelenken

3 weiße Querstreifen auf dem Hinterkörper

WEBERKNECHT

Ah – acht Beine – ein Spinnentier! Doch anders als echte Spinnen trägt der Weberknecht, hier ein Apenninenkanker, seinen Körper wie aus einem Guss: Vorder- und Hinterkörper sind zu einer eiförmigen Kugel miteinander verwachsen. Früher nur in Italien verbreitet, ist diese Art nun in fast ganz Europa zu Hause. Tagsüber hockt er an Mauern oder Baumstämmen, nachts jagt er kleine Krabbler.

GUCKST DU

1. kann sich kreisrund einrollen
2. panzerartige Rückenplatten
3. sieben Beinpaare

ROLLASSEL

Was kaum jemand weiß: Asseln sind Krebstiere. Auf ihrer Unterseite sitzen sogar Kiemen, die aber bei der Rollassel sehr zurückgebildet sind. So kommt sie auch mit relativ trockenen Bedingungen klar. Wird es zu trocken oder droht Gefahr, rollt sie sich einfach zu einer Kugel zusammen und wartet ab, bis es wieder feuchter ist.

GUCKST DU

1 Schnecke mit gelbem Gehäuse

2 helle Gehäusemündung

3 meist schwarzes Gehäuseband

GARTEN-BÄNDER-SCHNECKE

Keine Panik, wenn dir diese Schnecke im Garten begegnet. Sie frisst vor allem Algen und richtet keinen Schaden an. Und hübsch ist sie noch dazu: Ihr Gehäuse gibt es mit oder ohne Bänder, in Gelb, Rosa, Rot oder in braunen Farbtönen. Schau genau hin: Die ähnliche Hain-Bänderschnecke hat eine dunkle Gehäusemündung.

GUCKST DU

1. rosabrauner Wurm
2. Körper aus über 100 Segmenten
3. vorne oft mit verdicktem Gürtel

REGENWURM

Kleine Erdhäufchen hier, ein Blatt halb senkrecht im Boden dort: Der Regenwurm zieht die Blätter in seine Gänge, lässt Pilze und Mikroben die Zersetzungs-Vorarbeit machen und futtert erst dann. Pro Nacht verschwinden dabei bis zu 20 Blätter, insgesamt frisst er rund die Hälfte seines Körpergewichts. Hinten raus kommen feine Häufchen Humus, seine Tunnel sorgen für frische Luft im Boden.

WASSERAKTIVISTEN

Viele kleine Tiere sind Wasserbewohner oder leben zumindest in der Nähe von Teichen, Seen und Flüssen. Einige führen ein Doppelleben, wie Libellen und Köcherfliegen: Ihre Jugend verbringen sie als Larve im Wasser, als Erwachsene schwirren sie draußen rum, aber bleiben meist in der Nähe von Gewässern. Wenn du im Wasser auf Spurensuche gehst, brauchst du einen Steg, um ins oder auf das Wasser zu schielen. Und ja, ein bisschen Geduld gehört auch dazu. Viele tauchen nur kurz auf, um Luft zu holen, aber dann kannst du sie genau beobachten.

GUCKST DU

1 schwarzer Hinterleib mit grünen und blauen Flecken

2 ♀ große grünliche
♂ blaue Komplexaugen

3 gelbgrüne Brust

BLAUGRÜNE MOSAIK-JUNGFER

Bei ihren Flugmanövern wird selbst ein Hubschrauberpilot neidisch. Rasant, präzise – die perfekte Jägerin der Luft. Ihren riesigen Komplexaugen mit circa 30.000 Einzelaugen entgeht nichts. Und unter Wasser? Da sind schon die Larven, die zwei bis drei Jahre dort leben, Profis beim Jagen: Mit ausklappbarer Fangmaske schnappen sie blitzschnell zu.

GUCKST DU

1 lange hintere Ruderbeine und große Augen

2 schwimmt im Wasser mit Bauch nach oben

3 Oberseite mit schwarzem Dreieck

RÜCKEN-SCHWIMMER

Du blickst vom Steg und da sind sie: auf dem Rücken unter Wasser, mit dem Bauch nach oben. Schwimmt Beute vorbei oder plumpst ins Wasser, zack – da schlagen sie zu. Ihr Saugrüssel durchdringt auch menschliche Haut. Kein Wunder, dass sie auch »Wasserbienen« genannt werden.

GUCKST DU

1 läuft auf der Wasseroberfläche

2 rechtwinklig abgeknickte kurze Vorderbeine

3 Augen seitlich

WASSER-LÄUFER

Feinste Härchen überziehen seinen Körper und machen ihn wasserabweisend. So düst er lässig dank Oberflächenspannung übers Wasser. Seine Füßchen drücken dabei winzige Dellen in die Wasseroberfläche. Der geduldige Räuber wartet, bis ein ahnungsloses Insekt ins Wasser platscht, schon kleinste Vibrationen bemerkt er sofort.

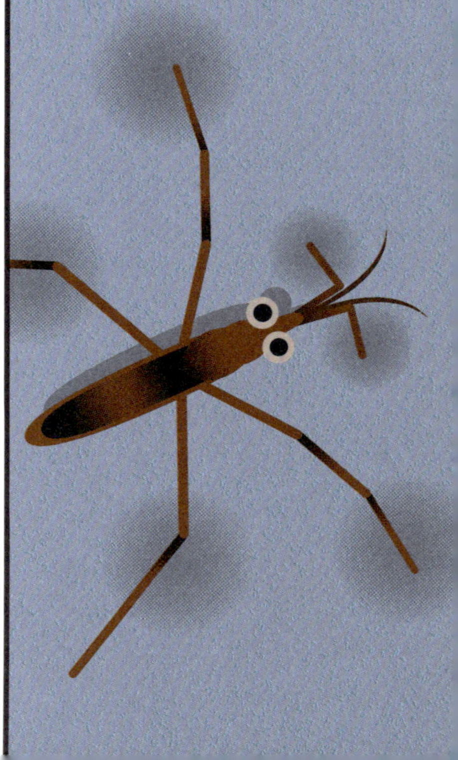

GUCKST DU

1. Larve in Köcher im Wasser
2. erwachsenes Insekt mit dachartig angelegten Flügeln
3. lange Fühler

KÖCHERFLIEGE

Angler versuchen, sie als Köder nachzubauen. Sonst fällt die Köcherfliege kaum auf, denn sie ist in der Dämmerung und der Nacht unterwegs. An unseren Gewässern tummeln sich rund 300 Arten, viele sehen sich sehr ähnlich. Die wahren Stars sind aber die Larven: Sie bauen sich aus Steinchen oder Holz kleine Schutzköcher und leben darin wie in eigenen Mini-Häusern.

LUFTAKROBATEN

In dieser Gruppe findest du wirbellose Tiere, die Flügel entwickelt haben. Nicht alle wirbeln dabei elegant durch die Gegend: Eine Hummel oder ein Rosenkäfer brummt auffällig vorbei. Andere sind echte Flugprofis, können seitwärts fliegen oder kopfüber unter der Decke landen wie eine Stubenfliege. Ob mit zwei oder vier Flügeln ist dabei egal. Du siehst sie meist in der Luft, oft aber auch beim Zwischenstopp. Schau, wo sie landen: an einer Blüte zum Nektarschlürfen, beim Kuchenklauen oder sogar auf deiner Haut, um Blut zu zapfen.

GUCKST DU

1 fliegt und leuchtet, nur ♂ fliegen

2 ♀ mit cremeweißem larvenartigem Körper

3 transparentes Halsschild

KLEINER LEUCHTKÄFER

Ein warmer Juniabend, ein Lichtpunkt schwebt durchs Dunkel. Bingo! Ein Kleiner Leuchtkäfer. Er ist der Einzige, der fliegt und leuchtet, auf Brautschau nach flugunfähigen Weibchen. Das Licht dieses kleinen Insekts entsteht durch eine chemische Reaktion und ist extrem effizient: 95% der Energie werden zu Licht. Da kann selbst die beste LED nicht mithalten.

GUCKST DU

1. metallisch grün glänzender Käfer
2. kleiner Kopf; rotgoldene Unterseite
3. schwerfälliger Flug

ROSENKÄFER

Laut brummend kommt er angeflogen – ein wenig torkelnd und schwerfällig, als könne er die Spur nicht ganz halten. Anders als die meisten Käfer fliegt er mit geschlossenen Flügeldecken, streckt die Flügel seitlich heraus und hebt ab. Seine dicken Larven leben im modrigen Boden und ernähren sich dort bis zu zwei Jahre lang von verrottendem Holz.

GUCKST DU

1 lange dünne Beine

2 langer schmaler Körper

3 Flügel mit rotem Vorderrand

WIESEN-SCHNAKE

Ab August tauchen die langbeinigen Schnaken vermehrt auf. Vorher hockten sie ungefähr ein Jahr als Larven im Boden und knabberten an Graswurzeln. Kommen sie in Massen vor, nimmt der Rasen das übel. Aber keine Sorge: Stechen können Schnaken nicht. Dass ihnen das oft zugeschrieben wird, liegt an einem kleinen süddeutschen Namenschaos. Dort werden nämlich die echten Stechmücken auch als Schnaken bezeichnet.

Siiiiiii
Siiiiiii

GUCKST DU

1. Mücke mit langen Beinen
2. Weibchen mit langem Saugrüssel
3. hoher Summton

STECHMÜCKE

»Siiiiiiiiiiiii« – jeder kennt es, niemand mag es. Dieses hohe Sirren raubt dir den Schlaf, noch bevor der Stich kommt. Nur die Weibchen sind dafür zuständig: Sie saugen Blut, um Eier zu produzieren. Trägt eine Mücke buschige Fühler, kannst du aufatmen: Das ist ein Männchen, es sticht nicht. Trotzdem sind Stechmücken nützlich: Als Futter sichern sie so manches Leben in der Nahrungskette.

GUCKST DU

1. Schwirrflug, steht in der Luft
2. schwarz-gelb gestreifter Hinterleib
3. sehr große Komplexaugen

SCHWEBFLIEGE

Bis zu 300 Flügelschläge pro Sekunde: Die Schwebfliege steht perfekt in der Luft. Die großen Komplexaugen behalten dabei alles im Blick. Manche, wie die Hainschwebfliege, ziehen zum Winter bis in den Mittelmeerraum. Schwarz-gelb getarnt wie eine Wespe, blufft sie erfolgreich: Sie sticht nicht, wird aber gern für eine Wespe gehalten und schreckt so manchen Räuber ab.

GUCKST DU

1. Fliege mit großen roten Facettenaugen
2. Tupf- oder Leckrüsssel
3. behaarter Körper

STUBENFLIEGE

Jeder kennt sie, kaum jemand mag sie – sssumm, und schon nervt sie. Dabei räumt die Stubenfliege ordentlich auf: Abfall und Exkremente stehen ganz oben auf ihrem Speiseplan. Sie selbst dient dann Vögeln, Spinnen, Wespen & Co. als Nahrung. Und ihre »Fliegenfüße« haften nicht nur an glatten Wänden, sie haben sogar Geschmackssensoren. So wissen sie nach der Landung gleich, ob es dort was zu fressen gibt.

GUCKST DU

1. sehr große Wespe
2. vorderer Kopf gelb, Hinterleib teils dreifarbig
3. schmale Flügel

HORNISSE

Groß, brummend, rötlich gefärbt: Die Hornisse ist so kaum zu übersehen. Doch die Schauermärchen kannst du vergessen: Ihr Gift ist nicht gefährlicher als das von Biene oder Wespe. Aggressiv? Nur wenn man ihrem Nest zu nahekommt. Ansonsten geht sie lieber auf die Jagd und vertreibt im Garten Wespen und Fliegen.

GUCKST DU

1 flauschige bräunliche Wildbiene

2 orangeroter Hinterleib

3 Flügel körperlang

GEHÖRNTE MAUERBIENE

Sobald die ersten warmen Märztage locken, ist sie schon am Start. Surrend checkt sie jede Röhre: Schilfhalm, Mauerritze, Bienennisthilfe oder notfalls die Löcher im Sonnenschirmmast. Das Männchen erkennst du an den weißen Härchen am Kopf. Ist die Brutröhre voll, kommt ein Lehmpfropf drauf – zack, Tür zu, Nachwuchs gesichert.

GUCKST DU

1. dicke, pelzig behaarte Hummel
2. weiße Hinterleibsspitze
3. zwei gelbe Querstreifen

DUNKLE ERDHUMMEL

Durch Vibration ihrer Flugmuskulatur heizt sich die Erdhummel selbst ein und startet schon bei fünf Grad durch. Während andere Insekten noch regungslos auf Wärme warten, sammelt sie schon fleißig Pollen und bestäubt, was blüht – so zuverlässig, dass sie sogar in Gewächshäusern als Bestäuberin eingesetzt wird. Ihr Nest baut sie gerne in Erdhöhlen am Rand von Hecken.

GUCKST DU

1. orangebraune Unterflügel
2. langer Saugrüssel
3. Hinterleib mit weißen Flecken

TAUBENSCHWÄNZCHEN

Sieht aus wie ein Kolibri, benimmt sich auch so: fliegt von Blüte zu Blüte, steht davor in der Luft. Der lange Saugrüssel rollt sich aus, Nektar rein, weiter geht's. Es ist aber ein Schmetterling aus der Familie der Schwärmer – und anders als seine Verwandten ist es tagsüber unterwegs. Viele haben schon eine weite Reise hinter sich, denn der Wanderfalter kommt aus dem Mittelmeerraum.

GUCKST DU

1. Schmetterling mit rostroten Flügeln
2. vier große Augenflecke
3. schwarzbraune Flügelunterseite

TAGPFAUEN-AUGE

Vier Augenflecke »schauen« dich an: unverwechselbar ein Tagpfauenauge. Weil seine Raupen Brennnesseln lieben und es gleich zwei Generationen pro Jahr gibt, begegnet man ihm ziemlich oft. Im Herbst verschwindet der Falter an frostfreie Orte, in Baumhöhlen oder auf Dachböden. Und kaum wird es wärmer, ist er schon wieder da – einer der ersten Schmetterlinge im Frühling.

PFLANZENBEWOHNER

Bei den Pflanzenbewohnern musst du genau hinsehen: zwischen Blättern, an Rinde und in Blüten sind sie oft perfekt getarnt. Die meisten leben von den Pflanzen, indem sie Blätter anknabbern, sich ins Holz bohren oder mit ihrem Stechrüssel den Pflanzensaft anzapfen. Aber auch räuberische Arten sind dabei, die im grünen Versteck auf Beute lauern. Manche leben lieber unten in der Gras- und Strauchschicht, andere sind so gut wie unsichtbar, weil sie sich in den Baumkronen verstecken.

GUCKST DU

1. Hinterleibs-
zangen
2. zusammengefaltete
Flügel
3. helle
Beine

OHRWURM

Sieht gefährlich aus, ist er aber nicht: Mit seinen Zangen kneift er niemanden. Er nutzt sie zum Entfalten der Flügel, zur Verteidigung und bei Kämpfen unter Männchen. Ein Wurm ist er übrigens auch nicht, sondern ein Insekt. Im Garten macht er sich beliebt, denn Blattläuse stehen auf seinem Speiseplan. Du kannst ihm Unterschlüpfe anbieten, damit er sich bei dir wohlfühlt.

GUCKST DU

1	meist grün gefärbte Fangschrecke
2	Fangbeine vorne
3	dreieckiger Kopf und langes Halsschild

GOTTES-ANBETERIN

Was wie betende Hände wirkt, ist in Wahrheit eine Falle. Erst zusammengeklappt – und dann: zack! Die Fangbeine schnellen vor, für die Beute ist das Spiel vorbei. Aufgrund der Klimaerwärmung breitet sich die mediterrane Jägerin inzwischen auch bei uns aus. Im Gras perfekt getarnt, ist sie schwer zu entdecken.

GUCKST DU

1 grüne Heuschrecke mit körperlangen Fühlern

2 lange Flügel

3 braune Längslinie am Rücken

GRÜNES HEUPFERD

Der schwirrende Gesang gehört zu einem warmen Sommerabend. Das Männchen reibt die Vorderflügel aneinander und los geht das Konzert. Die Weibchen legen mit dem langen Legebohrer ihre Eier in den Boden. Die größte heimische Heuschrecke fällt auf, auch durch die langen Fühler. Hören kann sie mit den Vorderbeinen, über feine Schlitze unter dem Knie.

GUCKST DU

1. im Sommer grün, im Winter rotbraun
2. dunkle Flügel
3. Stechrüssel unter der Brust verstaut

GRÜNE STINKWANZE

Ihren Namen trägt sie nicht umsonst, doch die Stinkdrüsen kommen nur im Notfall zum Einsatz. Droht Gefahr: pffft! Klebrig, stinkig, überzeugend. Die meisten Feinde drehen sofort ab. Im Herbst, wenn es kälter wird, wechselt sie das Outfit: Grün war gestern, jetzt wird's braun oder rotbraun. Perfekte Tarnung, jahreszeitlich angepasst.

GUCKST DU

1. Käfer mit roten Flügeldecken
2. sieben schwarze Punkte
3. schwarzes Halsschild mit weißen Ecken

SIEBENPUNKT-MARIENKÄFER

Den mag fast jeder, schließlich gilt er als Glücksbringer. Sieben Punkte auf dem Rücken? Das ist kein Alterszeichen, sondern kennzeichnet genau diese Art. Tatsächlich gibt es bei uns circa 80 verschiedene Marienkäferarten. Sein knalliges Rot sagt klar: Vorsicht! Denn im Ernstfall gibt's eine stinkende Flüssigkeit zur Abwehr. Am liebsten fressen sowohl Käfer als auch seine Larve Blattläuse.

GUCKST DU

1. rotbraune Deckflügel und schwarze Unterseite
2. seitlich weiße dreieckige Flecken
3. wimpernartige Fühler

MAIKÄFER

Früher war er der Schreck der Wälder: Kam er in Massen, waren die Bäume kahl. Unter der Erde werkelten seine Larven gleich mit, denn die Engerlinge knabbern vier Jahre lang an den Wurzeln. Heute ist der große braune Brummer seltener: Taucht er mit seinen fächerförmigen Fühlern auf, ist die Freude über das Wiedersehen groß.

GUCKST DU

1 schlanker Käfer mit langen Fühlern

2 blauschwarze Rückenzeichnung

3 Fühler und Beine blau-schwarz gestreift

ALPENBOCK

Triffst du ihn, hast du Glück, denn dieser prächtige Käfer ist selten geworden. Langgestreckt, mit beeindruckenden Fühlern: typisch Bockkäfer. Das Weibchen legt die Eier in Totholz oder absterbende Bäume, vor allem in Rotbuchen. Dort frisst sich die Larve jahrelang durchs morsche Holz, bis sie sich verpuppt und schließlich schlüpft.

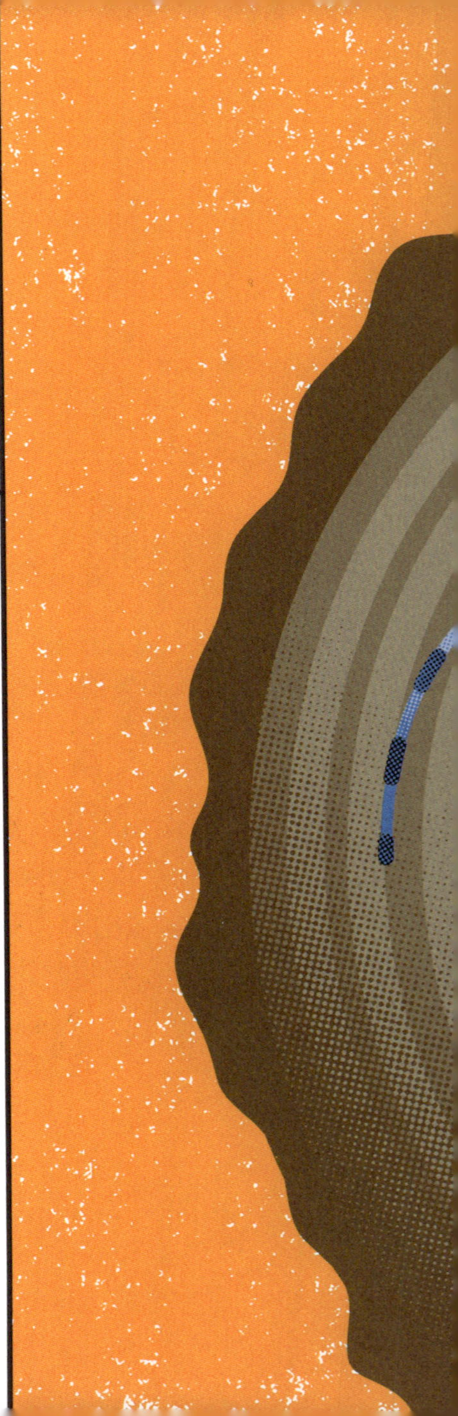

GUCKST DU

1. Käfer mit langem gebogenem Rüssel
2. Oberseite mit länglichen Schuppen
3. Fühler am Rüssel

EICHELBOHRER

Siehst du den kleinen, putzigen Eichelbohrer kaum, entlarvt er sich doch selbst: Eine Eichel mit kleinem kreisrundem Loch: Treffer. Hier hat sich die Larve des Eichelbohrers rausgenagt. Aber wie ist sie da hineingekommen? Im Frühling legt das Weibchen los, gut zu erkennen am überlangen Rüssel: bohrt ein Loch, versenkt ein Ei und besetzt so die Eichel.

GUCKST
DU
OBEN
KOSMOS

IMPRESSUM

Umschlaggestaltung von Ernestine Donnerberg und Lena Haubner unter Verwendung von Illustrationen von Ernestine Donnerberg.
Alle Illustrationen in diesem Buch stammen von Ernestine Donnerberg.

Alle Texte im Buch sind von Holger Haag.

Gedruckt auf chlorfrei gebleichtem Papier

ISBN 978-3-440-18401-1
Redaktion: Stefanie Tommes und Claudia Salata
Gestaltungskonzept: Ernestine Donnerberg und Lena Haubner
Gestaltung und Satz: Lena Haubner
Produktion: Markus Schärtlein
Druck und Bindung: Grafisches Centrum Cuno, Calbe
Printed in Germany / Imprimé en Allemagne

FSC www.fsc.org
MIX
Papier aus verantwortungsvollen Quellen
FSC® C043106